U0335823

一条线看懂

人类玩具

赵牧野　编写　　竞仁文化　绘图

童趣出版有限公司编　人民邮电出版社出版

北 京

图书在版编目（ＣＩＰ）数据

一条线看懂人类玩具 / 赵牧野编写 ; 童趣出版有限
公司编. -- 北京 : 人民邮电出版社, 2020.1
ISBN 978-7-115-52031-9

Ⅰ. ①一… Ⅱ. ①赵… ②童… Ⅲ. ①玩具－历史－
世界－少儿读物 Ⅳ. ①TS958-49

中国版本图书馆CIP数据核字(2019)第204180号

责任编辑：王宇絜
责任印制：李晓敏
美术编辑：韩　菁

编　　　：童趣出版有限公司
出　　版：人民邮电出版社
地　　址：北京市丰台区成寿寺路11号邮电出版大厦（100164）
网　　址：www.childrenfun.com.cn

读者热线：010-81054177
经销电话：010-81054120

印　　刷：北京捷迅佳彩印刷有限公司
开　　本：889×1194　1/16
印　　张：5
字　　数：110千字
版　　次：2020年1月第1版　2020年1月第1次印刷
书　　号：ISBN 978-7-115-52031-9
定　　价：68.00元

目录

开头的话

你敢相信吗？我们现在能有各种游戏机和电脑玩，是因为有人尝试在提纯的硅里加入各种"毒药"。听起来似乎很不可思议吧？那还是让我们从头说起吧。

快乐和游戏

它们让取人性命的武器变成了玩具，还使得世界上最调皮的孩子学会了"规则"和"同理心"；它们无法被触摸，却陪伴了人类的整个历史；它们出现在神秘的祭坛上、三月的春风里、老师的讲台边、科学家的烧杯中……它们到底是什么？要想了解这些事情的真相，就沿着这条线读下去吧！

不只是"学到"这么简单

尽管我们周围的世界一直在变化，我们学到的知识也和我们的祖先有很大的不同，但"玩耍"一直都是一种高效的学习方式。在将来，我们还会学到更多新的东西。这些新发现，从来不会凭空出现。但是，玩耍，一定是新发现现身最频繁的地方。因为，聪明的人常常能够从极其古怪的地方获得灵感。

活到老，玩到老

这条线讲述了一件对人类来讲极其平凡又不可或缺的事情，那就是玩。你在沿途可以看到，我们人类会用多大的热忱，把自己接触到的一切事物都变成玩具。如果有大人对你说"这么大了还玩"，别信他的，他转头也会玩得不亦乐乎！因为"想要开心"这件事，是所有的人都戒不掉的瘾啊。

我不知道！

在这条线上，我们会玩到公元前2世纪的超级古老的潜望镜、立志当个好作家的程序员做出来的小游戏、会爆炸的竹子和猪的膀胱！在未来，我们还能玩到什么？

沿线前进！

故事是从很久很久以前远古人大脑的一次升级行动开始的。它会把我们带向何方？让我们沿线前进，拭目以待！

哈！

也许我们会发现，在学校的历史课本或者很多正经的历史书中，从来没有看到玩具和游戏的身影。难道说古人都不玩吗？当然不是！只能说明过去不少教育家和历史学家出于各种各样的原因，在写书的时候选择忽视了它们。不过别担心，我们这本书讲的全是关于玩的。

原始的幽默感

科学家很难说明人类究竟什么时候有了"意识"，但是自打加载了这个炫酷的系统之后，世界一下子升级了。你会伤心、焦虑，但好消息是你也会感到开心和愉悦，并且对所有能带来愉悦感的事物产生迷恋。从现在起，你会"玩"了！

搭个金字塔

心理学家马斯洛把人类需求分成了像阶梯一样的五层。一般来讲，满足了低层次的需要之后，人们就会转向更高层次的需求，依次"通关"。这五层从低到高分别为：生理需求、安全需求、社交需求、尊重需求和自我实现需求。"玩"这件事在第三层等着你。

自我实现需求

尊重需求

社交需求

安全需求

生理需求

寓教于乐

最初的娱乐，除了能让人感到放松和愉悦以外，还很明显地带着各种"使命"。毕竟想在原始社会中存活下来并不容易，人们的娱乐活动也是对未来危机和苦难的预演，而游戏也因此成为了人类文化的重要组成部分。

深奥的哲学家

古罗马哲学家西塞罗是第一个使用拉丁文给"文化"进行定义的人，他将文化写作"cultura animi"，意思是"对灵魂的栽培"……嗯，哲学家果然擅长把很多常见的定义说得如此诗意又深奥。

"游戏的人"

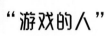

荷兰史学家赫伊津哈认为游戏是人类文明的源头之一，他认为人们通过游戏能获得更多的力量和创新思维，从而去创造更高级的文化成就——嘘！别告诉那些禁止小孩子玩游戏的大人，他们中出了"叛徒"。

沿线前进！

原来玩是一件这么有意义的事，赶紧翻到下一页看看原始人都玩什么吧！

疯狂原始人

你以为跟本章名字一样的那部动画片把原始人表现得足够"疯狂"了？远远不够，他们玩起来真是"不管不顾"，手头有的一切东西，都是玩具！

危险游戏

在石器时代最主流的玩具应该是什么做的呢？答案当然是"石头"！考古学家曾在山西襄汾县的丁村遗址发现了两枚石制圆球。原本是狩猎工具的石球被缩小一点儿就变成了玩具。人们可以用它滚动、撞击、打保龄球以及扔铅……啊不，石球。但是，认真地说，最好不要用它来玩"躲避球"。

调皮的神

在新石器时代，人们在鸟类的空心骨头上钻孔，制作会发出不同声响的笛子玩具……什么？你说这是乐器？难道原始人造它的时候内心会怀着崇高的音乐理想吗？这在原始人眼里更多的是一个玩具，造它当然是为了玩！——也许还为了呼唤同样会被奇特声音所吸引的神明。

神仙也爱玩

日本神话中的太阳女神叫"天照大神"。有一次天照大神被触怒，躲进山洞里不肯出来，天地一片昏暗。为了能再次把天照大神吸引出来，众神举办了热闹的宴会，席间有神明把脸涂成白色，跳起滑稽的舞蹈，大家看后一起哄笑。天照大神听到笑声，也因为好奇从山洞中再次出来。有说法称，这就是现代日语中"有趣"一词写作"面白い"的缘由。

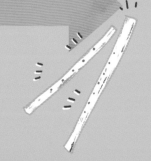

贾湖骨笛

1987年在河南省贾湖遗址出土了二十多支骨笛，它是中国最早的乐器，也是世界上最早的可吹奏类乐器，距今有八九千年的历史。贾湖骨笛中最精致的一根，到现在都能吹奏出乐曲呢！

落叶飞花皆成……玩具

木头、树皮、草棍、沙子、野兽的毛、鸟类的羽毛……总之手边能找到的一切，都是石器时代原始人的玩具。人们搓弄植物和鸟兽的纤维，再把漂亮的叶子、螺壳用搓好的纤维穿起来挂在身上；用沙子堆起"模拟城堡"，又一次次推倒重来。"原始玩具"的强大感召力，可以跨越时光让现在的小孩子无师自通地开始玩耍。

沿线前进！

这些玩具很不错，但是想要新玩具怎么办？用火烧一个吧！

太阳之种

　　人类在遇到火之后，很快就把它带回到自己的家中。这种有点儿危险的"高新科技"给人类带来了熟食、温暖和光明，就像一个小太阳一样。虽然大部分历史书的讲述就到此为止了，但其实人们对火的开发才刚刚开始——来"玩火"啊！

远古"影像"

　　"有光就有影"，这是一句大实话，但是当围坐在篝火旁的原始人发现自己的影子投射到岩壁上显得格外雄壮时，一项新的游戏就解锁了——影子游戏。用手就能投影出鹰、兔的模样，用草棍就可以还原出狩猎的武器，一场原始狩猎的影子大戏正在岩壁上激烈地上演着。

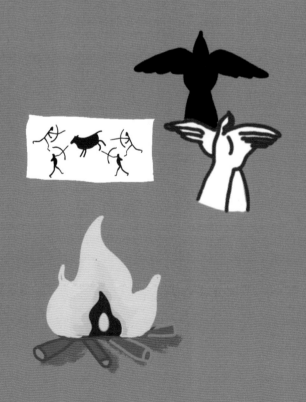

新型画笔

篝火燃烧之后会留下灰烬和被炭化的枝条，这种会留下浓重黑色痕迹的脆弱而柔软的枝条被原始人用来在岩壁上进行涂鸦。现代画家作画有时也会使用炭条来打草稿。

烛光宇宙

"离光源近就亮，离光源远就暗"，这也是一句大实话。观测宇宙学的创始人亨丽爱塔·勒维特女士把这个概念引入超远距离天体测距之中，创造了"标准烛光"的概念，人们借此才发现了太阳系并不是宇宙的中心，从而认识了现代宇宙的真正模样。

玩泥巴的学问

用泥巴捏成的各种物件非常易碎，但是只要放在火中灼烧，就能把它们变得如石头一般坚硬。这种玩具好做、坚固又新潮，每个孩子都想拥有——这也让后世的考古学家发现了大量陶弹球、陶摆件，它们都是谁的玩具呢？

沿线前进！

你说这些有点儿太"初级"？有文化的东西也一样能玩。

这都是迷信！

　　四五千年前，人们对世界的认知远不如我们现在这样清晰。面对很多不能理解的事物，人们试着给出自己的解释，于是就有了神话传说。这是人们最开始讲的故事，但从那时起，人们已经开始将由神话转化的"周边产品"玩得不亦乐乎了。

"元始天尊"

　　最早，人们参照自己的形象夸大、组合或者变形，塑造出了神的模样，用黏土捏好，烧成陶偶，原始的"手办"就这样做好了。然后你就可以举着它绘声绘色地讲你为这些怪模怪样的神编造的故事了……别担心，现代捏橡皮泥或者玩玩具的小孩子都这么干。

醉人舞步

　　光说不练很难体现这些神明的伟大。如同小孩子讲到自己喜爱的角色总要手舞足蹈才能显示角色的厉害一样，在原始祭祀中，主持祭祀的人（往往就是作者本人，或者靠神的传说收取好处的人）总要边唱边跳一番，这就是舞蹈和音乐的最初形态。这么一比，还是在现代当个作者比较容易。

顺手发明

是时候为神明设计点儿神秘感和互动性了，这也简单：拿起骨头在上面钻几个孔，再刻点儿符号，放在火上烧，通过观察裂开的纹路来判断吉凶。先民们在这种祭祀的迷信活动中，顺手发明了甲骨文。

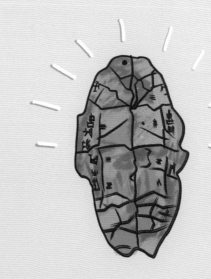

时间漫长的塔

印度神话传说里，主神梵天在创世时，在钉在铜板上的三根宝石针的其中一根针上，从下到上地穿了由大到小的64片金片，有一位僧侣昼夜不停地挪动金片。这就是所谓的"汉诺塔"游戏。移动金片的规则如下：一次只移动一片，并且不管哪根针上，小片都必须在大片上。当所有金片都从梵天穿好的那根宝石针上挪到另外一根上时，世界将毁灭。不过别担心，就算一秒挪一片，想达成这个成就也需要5,800多亿年，而地球不过存在了45亿年而已。

充满谬误

Hanoi：汉诺？ ✕

汉诺塔其实是数学家在19世纪为了研究数学理论而杜撰出来的传说，且原文中"Hanoi"的意思是"河内"，即越南首都的名字，翻译成"汉诺"应该是翻译错误。至于传成印度神话，连怎么错的也很难猜测。

沿线前进！

有点儿累了吧？翻到下一页看看那些清脆的声响是怎么回事吧。

"汉诺塔"玩具示意图。

叮叮当当

当人们发现了火，就开启了"把一切丢进去烧一烧"的探索模式。很快人们就发现了铜矿石，铜质的器物取代了过去粗笨的石器，成为人类玩具的新风尚。

组个乐队吧？

敲击致密的金属能发出清脆的响声！这是人们冶炼金属时的一大新发现。于是，人们很快就用金属制作了各种打击乐器，钟、磬（qìng）、镈（bó）、铙（náo）纷纷面世。如果你喜欢安静的田园生活，"穿越"回去的时候记得不要选择青铜时代。

曾侯乙编钟

这是在湖北随州市出土的战国早期的庞大编钟组，它凭借高超的铸造技术和音乐性能改写了世界音乐史，现在依然能演奏清亮悦耳的曲子。出土时它的对面就是建鼓，它们为什么会被放在一块儿呢？这是因为古代人打仗的时候，敲鼓表示进攻，敲钟或其他金属乐器表示撤退。

如果感到快乐你就摇摇铃

相传在古希腊、古罗马时期，人们总会送给刚出生不久的孩子一个像小钱包一样的金属护身符或一条项链，以保佑孩子平安健康。此外还有各种金属摇铃。无论是护身符还是摇铃，摇晃时都会发出响声，所以那时候很多人干脆就称它们为"噼啪响"。

九连环

九连环是一种用金属制成的益智玩具，金属丝穿套的九个铁环，可以用一定的手法把它拆解或者组合起来。它最早出现在西汉人的笔下，只不过那时候还是玉制的。随着发展，连环的个数也越来越多，到了清代，九个铁环的模样才算基本固定。

钟鸣鼎食

商周时期青铜器大量兴起，但体形巨大、铸造精美的钟、鼎、簋（guǐ）和盘对"不差钱"的贵族来说，也依旧是妥妥的奢侈品。所以那时的贵族用青铜鼎吃饭、听青铜打击乐和把玩青铜制作的小玩意儿……绝对是"实力炫富"。

沿线前进！

敲敲打打的太"躁"了，翻到下一页来玩点儿安静的游戏吧！

坐下来玩

在三四千年前，"吃饱"并不是一件容易的事，再加上人们总是玩一些敲敲打打的游戏，肚子很快就饿了。为了能保存更多的体力，坐下来玩点儿安静的游戏就成了一个好选择。

双陆

人们在4,500年前的古代乌尔王朝的首都发现了一种棋盘游戏，游戏用掷骰子的方式决定棋子的移动，先到终点的玩家就赢。后来这种桌游流传到了欧洲和东亚，演变为十五子和双陆等桌游。虽然是4,500年前的游戏，但是已经存在"再掷一次骰子""休息一次"和"回到起点"等复杂的规则了。

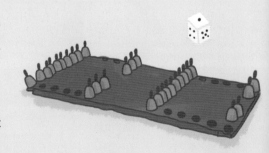

不当用途

双陆棋大约在三国时期传入中国，后来由于民间很多人用双陆棋进行赌博，到了清朝，乾隆皇帝一怒之下下令封杀了双陆棋。看来游戏为人的行为"背锅"的事情在古代也有啊！

相对无言

围棋起源于中国，距今有4,000多年的历史。围棋用方形格状棋盘和黑白两色棋子进行对弈，棋盘上有纵横各19条线，棋子落在线的交叉点上后不能移动，以棋子围地多的一方为胜。下围棋的时候一般都是安静地坐着，不怎么说话，讲究用棋路交流思想。因此，下围棋也被称为"手谈"。

太过投入

传说，有一个樵夫上山砍柴的时候，发现有人在下围棋，就在一旁观看。等一盘棋下完，樵夫发现时间已经过去了很多年，连自己砍柴的斧子的木柄（柯）都腐烂了。后世也因此把围棋称为"忘忧"或"烂柯"。

"不西洋"的西洋棋

国际象棋又叫西洋棋。相对于双陆和围棋，国际象棋显得"年轻"一些，但它也有2,000多年的历史。它的出身有些扑朔迷离，关于国际象棋的起源有着古印度说、中国说和阿拉伯说等多种说法，但无论哪种起源是真的，它都是一种亚洲棋，出身并不西洋。

沿线前进！

好了，久坐对身体也不好，下一页有些"退役老兵"，看看它们有趣的"退休生涯"吧！

退休生涯

很多器物在被发明之初，都是有明确的实际用途的，特别是各种武器。但是在一段时间之后，这些东西无一例外地"萌化"了起来，变成了各种各样的玩具和消遣品，看来"无聊"才是人类最大的敌人。

原始版套圈

"投壶"这种游戏原本是射箭的弱化版。在宴会厅里比赛射箭总有些危险，而且射箭需要的场地也比较大，于是人们就干脆用一个精美的壶代替箭靶，用手执箭，向壶中扔，投入壶中的箭多的人赢。也可以将它理解为原始版的套圈游戏。

老天也沉迷

投壶曾是古代宫廷中最流行的游戏，时人认为玩投壶儒雅风流，还很有趣味性。汉武帝最喜爱的艺人里就有投壶高手，相传南北朝时还曾有大臣因太过沉迷投壶而忘记上朝见皇上。而成语"投壶电笑"是指古人认为光打雷闪电而不下雨的这种现象，是老天看到神仙投壶失误而发笑的结果。

骑……马？

　　孩子太小不能骑马却憧憬骑士的潇洒该怎么办呢？在长木棍或竹竿上拴上"缰绳"，跨上去，假装自己在骑马好了！这就是"竹马"的由来。后来竹马越做越精细，前面套上布做的马头，"脚下"还安了轮子。人们在米里纳发现了公元前2世纪左右的安装着轮子的小陶马，在高卢也发现了类似的陶马。

纸糊的马

　　中世纪时，欧洲的一名骑士最起码拥有三匹马：战马、代步马和驮物马。在中国古代，一般士兵是没有马的。马对绝大多数地区的战士来讲都是荣耀与实力的象征，是"会行走的金子"。马的金贵还体现在它其实非常容易生病，"铜驴铁骡，纸糊的马"说的就是这件事。

沿线前进！

请查收你人生的第一件礼物

　　在古希腊，新生儿出生的当天，产妇的女性朋友就要来送"见面礼"——当然是给婴儿的各种玩具啦！里面很有可能包括小斧子、小宝剑什么的……

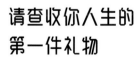

　　并不是只有武器才能当玩具，那些看起来柔弱的纤维，也被做成了各种玩具。

小纤维大力量

植物纤维和动物纤维看起来都很脆弱，但是经过各种改造，它们从蚕丝、树皮、棉桃或者植物的茎变成了线、布匹、丝绸或是纸张，然后……没错，猜对了！人们用它们来造玩具。

孔明灯

用细薄的竹篾编成灯的支架，上面糊上轻薄的纸，一个孔明灯的主体就做好了。将放在中间的小蜡烛或者浸满油的棉线点燃，孔明灯就可以缓缓飘向天空啦！这种美丽的灯可以说是热气球的前身，不过说这种灯是诸葛亮（字孔明）发明的恐怕更多是民间的传言了。

洗个澡

阿基米德是古希腊的哲学家和科学家，他在洗澡时通过观察溢出澡盆的水发现了浮力。汉武帝时期的淮南王刘安，更是利用热空气上升的浮力原理让一个空鸡蛋壳浮在了空中。

娃娃的衣裙

全世界的孩子们都在玩玩具娃娃，当人们发明了一种新的衣服面料时，孩子们手里的娃娃的衣服也一定会用上那种"时髦"材质，比如纱、棉布、呢子和丝绸，后来有些娃娃干脆就是用布缝制的。公元3至4世纪的罗马，已经有专门制作玩具娃娃的商人。这些商人除了会给娃娃穿衣服，甚至还会给它们戴首饰呢！

风筝

风筝几经演化，才变成我们今天熟悉的模样。最开始的风筝是用竹木制作的。后来，人们开始用纸来做风筝。到了宋朝，造纸业发达，纸价下降，放风筝更是大为流行，甚至出现了几人放起风筝"打架"的玩法：放起风筝后，利用自己的风筝和线，把其他人的风筝线弄断的就赢了。

写《红楼梦》的曹雪芹也写过怎么做风筝的书。

他很厉害，
但也没厉害到能扛雷电

富兰克林一生成就丰富，自然也有很多故事与他有关，其中就有富兰克林雨天放风筝证明闪电就是电的传说。但很可惜，这是假的！如果他真像传言里说的那样做的话，他能留给世人的，就只能是一具被电到"外焦里嫩"的尸体了。

沿线前进！

人们把越来越多的东西做成了玩具，包括那些本来应该用来吃的。

种子的游戏

"吃的东西不是用来玩的！"大人总是这样教育不好好吃东西的孩子……但其实吧，大人的话有时候也不能全信。

一座座米山

汉光武帝刘秀想要征讨陇西，但那里地形复杂。为了使战局变得明朗，马援便让人在皇帝面前倒上几袋米，根据自己记忆的地形把米堆好，还标出行军路线。这就是中国历史上记载的第一次使用"沙盘"的情况——只是沙盘那时候还是"米"盘。后来"沙盘游戏"演变为一种专门的桌游类别。

填不满的棋盘

传说有个国王想要奖赏发明国际象棋的人，于是问他想要什么。这人对国王说："请在国际象棋棋盘的第一个小格里放一粒麦子，第二个放两粒，第三个放四粒，以后每一小格都比前一小格的麦粒数增加一倍，这样摆满所有六十四格棋盘，然后把这些麦子赏给我吧。"国王欣然应允。等真的开始计数时国王才发现，这个人要求的麦粒其实是一个天文数字，根本不可能达成。

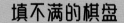

你看起来很好吃

面人也叫面花，距今至少有1,300多年的历史。人们把面粉加上颜料和蜂蜜等材料，混合后再用手捏搓，塑造出各种栩栩如生的形象。最开始的时候这些面人是可以吃的，到今天已经完全变成了工艺品，不可以食用啦！

"糖"人街

人们不单单用面来捏各种有趣的形象，艺术灵感上来了，就算是在过去非常金贵的糖，也照捏不误！中国主要用蔗糖、饴糖或者糖稀来制作糖人，或吹或画。西方则更多地使用蛋白糖霜，捏制、雕刻成各种形象。

也叫"沙盘游戏"

心理学上有一种心理治疗方法就叫沙盘游戏，这种游戏是通过让来访者在有细沙的箱子里堆沙和摆放玩具，再现自身的现实生活，从而更好地表达那些非语言的思想和情感。

沿线前进！

有一种东西看起来和糖有一点儿像，它呈现美丽的透明或半透明状，翻到下一页去看看吧。

透明的梦

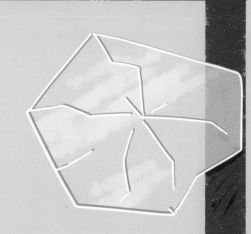

看得见摸不到的光，也可以做成玩具？是的，只要借助那么一点儿技术……

昂贵的礼物

如果有人送给你几颗玻璃珠，你会怎么想？普通的弹球？大错特错！在古代，玻璃制品一直是很金贵的东西，古人常常把它当作玉石。曾经有位文人得到朋友送的一只玻璃碗，爱不释手，但把玩了一阵后还是退还给了朋友，表示自己实在不能收下如此贵重的礼物。

其实中国从西周时期开始就一直有玻璃制品（古代叫"琉璃"）。

玻璃之路

玻璃之路与丝绸之路的路径相似，只不过这是一条"进口"道路。听路的名字就知道啦！这条商路是为了从中亚和地中海地区进口玻璃制品而开辟的。在路的两端，罗马人穿着中国的丝绸，中国人用着罗马的玻璃杯。贸易，有时候能让这个世界变得很神奇。

潜望？偷窥？

世界上最早的潜望镜是什么时候制成的呢？答案是2,000多年前！尽管当时的组合装置颇为简陋，只有一面高高挂起的大铜镜和镜子下面的一盆水，但原理跟近代的潜望镜是一模一样的。有了这个装置就可以很方便地偷窥四邻都在干什么啦！

管中窥花

万花筒的英文为kaleidoscope，它是由kalos（美丽）、eidos（形状）、scope（观看）三个希腊词组成的。万花筒的诞生起源于科学家一次无意的操作：将三面镜子面朝内组成一个三棱柱，里面的景象经过镜子的反射变成了六个对称的影像。这样，在三棱柱的一端放入彩色粒子，从另外一端看过去，随着管子转动，眼前就能看到如花般盛开的万千景象了。

墨子的实验

光学研究中"小孔成像"是一个鼎鼎有名的实验，中国人在2,500年前的战国时期就已经完成了。墨子和他的学生完成了世界上第一个小孔成倒像的实验。墨子不光玩，他还在实验之后写下了呈现倒立影像的原理，简直是"开挂"一般的科学家啊！

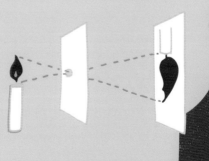

沿线前进！

突然听到一声炸响，不知道发生了什么，快翻页看看吧。

来点儿动静

火，创造了光和热：一个看得见摸不着，一个看不见摸得着。对于这两个没头没脑的小家伙，人们也没有放过，依旧想办法把它们做成了玩具——而且，这次的玩具动静有点儿大！

砰！

2,000多年前，中国人就已经发现用火烧竹竿时，随着竹子被加热，竹子内部空腔中的空气剧烈膨胀，最终顶破竹壁，会突然发出"砰""啪"的响声，竹子也随之爆裂开来。这就是最初的"爆竹"啦——没错，最初的爆竹里面是没有火药的！

蒸汽始祖

1,900多年前的古希腊数学家希罗，设计了这样一个东西：在锅里加水并密封好，在锅盖上连接一个中空的管状提手，提手中央穿着一个中空的球，球两侧开口，提手中央有一些小孔。在锅下点火烧水，沸腾后水蒸气就会顺着提手往上冲，从预留的小孔冲进球体里，再从球上的开口冲出，从而带动球不停地旋转——这就是世界上第一个用蒸汽驱动的机器——汽转球。希罗制作这个机器有他深刻的用意吧？呃……并没有！他做出来就是为了玩，简而言之，史上第一台蒸汽机是一个玩具。

"地狱"的火焰是冰冷的

硫黄燃烧时的火焰是青蓝色的，跟常见的火焰颜色有很大的不同。也许是这种"冷酷"的颜色产生的误导，有人认为硫黄的火焰是冰冷的。西方传说中的地狱，就燃烧着蓝色的冰冷火焰，而且到处都是一股硫黄味。

硫黄燃烧会产生剧毒气体！它的火焰非常烫！离它远点儿！

炼枚仙丹

火药是中国的四大发明之一，它起源于炼丹术。过去的皇帝总想着长生不老，就尝试着把各种奇怪的东西扔进锅里烧，期盼能得到仙丹。当人们把硫黄、硝石和木炭混合在一起烧的时候……仙丹没得到，却发明了火药。

革命的动力

18世纪60年代，人们使用蒸汽机，开始用机器代替人力，从而迎来了第一次工业革命。蒸汽虽然常见，但是它确确实实推动了历史的进步。

沿线前进！

有人用火造玩具，有人用火来祈祷，但好像祈祷得也不是太认真，翻到下页去看看吧！

不认真的祈祷

我们常常认为，祈祷的时候要肃穆端庄。就算不做"沐浴更衣"这样大费周章的事情，至少也要认真才好，毕竟是寄托美好的愿望呀！实际上嘛……大家还不都是边吃边玩顺便祈求一下好事发生。但是大家一起玩，全都笑得很开心，好事就已经发生了，对吧？

为了让手艺变好，你需要……

乞巧，是从汉代就有的传统习俗，女孩子们在乞巧节那天祈祷自己能更加心灵手巧。当天女孩子们会玩起穿针游戏，后来还发展出比赛往水面上放针而不沉等花样。此外，乞巧的时候还有多种瓜果点心可以吃，甚至可以得到新的泥娃娃。

替我保管好

在古希腊和古罗马，少女在结婚前就将自己的各种娃娃玩具和娃娃衣服全都献祭给神明，而少年则需要把自己的弹球、小包什么的献祭出去，表示已经长大成人，告别童年……听起来一点儿也不好，还我玩具！

人造购物节

人造购物节？说的是"双十一"吧？并不是！在中国古代，农历七月十五日既是中元节，也是盂兰盆节。这天，人们要点河灯和祭祀亡魂，给去世的人买点儿好吃好用的，当然也顺便给自己买些东西……就这样，最迟到唐朝，农历七月十五就已经演变成盛大的"购物狂欢节"了。

不是南瓜做的南瓜灯

在西方，与中元节对应的应该就是万圣节了。在那天孩子们会装扮成小鬼的模样，提着南瓜灯去邻居家敲门，要求获得糖果。但最初的灯并不是南瓜做的，而是一块大萝卜！还有用马铃薯、甜菜之类做灯的。直到这个节日传到美国，才逐渐变成用南瓜做灯。

清明节的大派对

现在大家一提到清明节，都觉得这是一个惨兮兮、阴森森的节日，因为这一天要上坟祭祖。但清明节在最初并没有与祭奠先人联系起来，它是一个单纯庆祝春天来临的日子，大家在那天会吃青团、荡秋千、出去郊游……简而言之，清明节就是古人用来春游的节日啦！

沿线前进！

这一页花了太多钱，下一页让我们玩一点儿"实惠"的，比如说……特别大的一根草！

巨大的草

竹子与中国人有着几千年的缘分。中国人用竹子建房子，做器皿和工艺品，当然也用来做玩具。可是你知道吗？按照科学分类，竹子并不是树木，而是草。对！你可以理解为它是一棵特别巨大的草。

二名法

一种生物的俗名往往有好几个，比如，樱桃、车厘子和含桃其实都是同一种水果。再算上各种外文，大家要弄清楚一个名称对应的到底是什么东西就太费劲了。于是一个叫林奈的人想出了一个方法，规定一种生物只有一个学名，这个名字用拉丁文分成两部分来写，前一部分是物种所在属的名称，后一部分是物种自己的名字。这类似中国人的名字，前面是家族姓氏，后面是自己的名字。

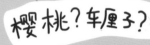

菠萝和凤梨也是同一种水果。

普遍的错误

生物的俗名与科学的学名相差甚远或引起误会的情况时有发生。比如鱿鱼不是鱼类，海豚不是猪（豚），兔狲既不是兔子也不是猴子（狲）。非洲大草原上更是生活着一种看起来像羚羊的牛科动物，名字叫角马。

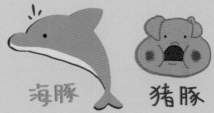

手上直升机

　　在1,500多年前的中国，就有了名为"竹蜻蜓"的小玩具。用手飞快地搓捻中间的竹竿，然后突然撒手，竹蜻蜓会随着惯性旋转，上端的页片就带着整个竹蜻蜓旋转飞升啦！别小看这个小玩具，它跟风扇和直升机都有千丝万缕的联系。

史上最难！

　　直觉上来讲，人们会认为直升机飞得慢，肯定比开战斗机容易。实际上，直升机是人类历史上到现在为止操作最困难的单人驾驶交通工具，没有之一！驾驶员的双手双脚要同时操纵四种完全不同的东西，能不能学会，就要看天赋了。

抖起来

　　空竹是一种中国特有的竹制玩具。把中空的木头和竹子制作成类似腰鼓的形状，在中间用线拉动，就能使空竹高速旋转，并且发出声响。玩空竹的动作被称为"抖空竹"，操纵这种玩具需要一定的技巧，所以在传统杂技表演中经常可以看到它的身影。

沿线前进！

　　竹子是长在野外的。好不容易出了门，咱们继续看看户外还有什么好玩儿的吧！

户外活动

最初的游戏基本都诞生于户外，因为在人类学会造"门户"之前，就已经学会了游戏。这些游戏有一些被人们遗忘了，有一些被划入了竞技体育的范畴，但也有一些玩法经久不衰，让我们一直玩到了今天。

半仙

将两根长短相同的绳子系在架子或者树枝上，下面挂上蹬板，人随蹬板来回摆动……没错，这个游戏就是荡秋千。这个游戏最迟在汉代就已经出现。到了唐朝，这种玩起来"飘飘欲仙"的游戏，还被称为"半仙之戏"。

代表作

法国画家让·奥诺雷·弗拉戈纳尔的代表作的名字也叫《秋千》。画面上一个贵族女子穿着繁复美丽的粉色纱裙在笑着荡秋千。看来荡秋千这件事，古今中外的人们都喜欢啊！

古代足球

蹴（cù）鞠（jū），是中国一项古老的运动。它的运动方式就隐藏在它的名字里："蹴"就是踢，"鞠"就是皮制的球，蹴鞠就是踢足球啦！2004年，国际足联还正式认定足球的发源地就是中国春秋战国时期的齐国故都临淄。

是驴是马都拉出来打球

唐宋时期的人们喜欢球，不但喜欢踢球，还喜欢骑在马上打球。当时有专门打马球的场地和礼仪，王公贵族都疯狂地参与，连皇帝也亲自上阵。更有专门的女子马球队，公主和贵妃们也时常上场竞技。后来为了降低危险、增加难度，还扩展出骑驴打球的玩法。

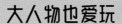

大人物也爱玩

大人物也是人，是人都爱玩，只不过课本上不愿意告诉大家这个事实罢了。普法尔茨的腓特烈四世和神圣罗马帝国皇帝查理五世都是狂热的网球爱好者，大哲学家柏拉图是个得过奖的摔跤选手，科学家牛顿年轻时当过拳击手，丘吉尔晚年也热衷于打马球和高尔夫。

沿线前进！

擦擦汗，这下可玩累了，下一页让我们玩点儿不那么费体力的。

把画撕开

也许喜欢玩的人都有一点儿"收集癖"——多种多样的弹球、娃娃或者风筝，总能激发更多的兴趣和成就感。这种感觉当然延伸到了精美的图画上，但一幅幅制作精良的画收集起来太麻烦了，不如把它们做成小卡片吧！

一片片的画

全世界最为风行的卡片游戏恐怕非扑克莫属了。关于它的起源说法很多，像今天这种有阿拉伯数字和"♠""♥""♣""♦"四种花色的扑克牌大体成形于18世纪。其中"J""Q""K"牌上的图案，每一个都对应着西方历史上著名的人物。

草花J对应的就是亚瑟王的骑士、大名鼎鼎的兰斯洛特。

沉迷打牌

中国著名的学者胡适，在年轻的时候也曾经沉迷打牌。有一段时间，在他的日记中常常能看到"打牌消遣"的字样。

千变万化的"唐图"

七巧板，是中国古老的拼板玩具，最早能追溯到北宋时期。七巧板包含七块大小不一的三角形和四边形，通常都是厚纸片或者薄木板做成的，用它可以拼成各种人物、动物、花卉和器物……传到欧洲之后，人们称它为"唐图"。相传，拿破仑和艾伦·坡都曾玩儿过它。

致富新思路

我们现在玩儿的拼图，起源的说法也是多种多样，但一般倾向于认为它原本是一种地理课"教具"。老师把地图分割成片，要学生们按照原样拼回去。后来有商人看中了这种教具中隐藏的商机，便推广贩卖，很快这种文雅而新颖的教具就成了当时人们的玩具新宠。

菩萨也爱玩？

唐朝之前，中国绝大部分的书都是卷轴式的。唐朝佛教兴盛，印度的僧人们在菩提叶上抄写经文，这种一张一张的叶子不但带来了翻页式书籍，还带来了"叶子戏"——类似现在的"洋画"，每张卡片上绘制独立的内容，后世比较有名的是"水浒叶子戏"。

沿线前进！

人类为了玩，手段真是层出不穷，连树里的汁液也不放过！不信？翻下页去看看。

弹跳力

在现代社会，从轮胎到婴儿奶嘴，橡胶随处可见。这种"姿态万千、身段柔软"的东西，还自带弹跳力，看起来就很好玩儿的样子！所以人们一直在研究怎么能更好地玩它。

哭泣的树

天然橡胶来自一种名为"三叶橡胶树"的植物，橡胶就是这种树的汁液。这种汁液刚流出来的时候是乳白色的，跟空气接触时间长了之后就会渐渐凝固并且变成黑色。原产地的人们管这种树脂叫作"卡乌–丘克"，意思是"树木的眼泪"。

来玩儿球！

原始的天然橡胶的弹性和可塑性都很好，11世纪左右，南美洲原住民就拿它来做玩具了，比如各种蹦蹦跳跳的橡胶球。但这种天然橡胶并不完美，天气太冷的时候就会变脆，遇热又会变得黏糊糊的。虽然在热带原产地这并不算太严重的问题，但它确实给橡胶的推广带来了麻烦。

抹你一身橡胶

天然橡胶的这些缺点，使得人们在最开始只能拿它来制作防水胶布和雨衣、雨鞋之类的产品。

代替品的新出路

我们熟悉的口香糖并不是用橡胶做成的，而是由"糖胶树胶"做成的。在19世纪末，这种树胶原本被当作橡胶的代替品被运往美国，但是它很快找到了自己的新出路——口香糖，尽管如今绝大部分口香糖的主料已经被合成品取代，但人们对口香糖的热情却从未消减。

全世界每年至少消耗10万吨口香糖。

一场意外导致的成功

美国科学家古德义有一次用硫黄做实验的时候，发生了意外。硫黄遇到加热的橡胶，立刻冒出了滚滚浓烟。但正是这次意外，让古德义发明了"橡胶加硫法"，这在很大程度上改善了橡胶的质地，使它在绝大多数情况下都能保持清爽和弹性。从此，橡胶才走向了它辉煌的工业之路。

沿线前进！

橡胶的成功迎来了球类运动的春天，而这跟猪仔还有点儿关系呢！翻到下一页我们去看看。

哈哈我赢啦!

猫咪和小狗总是迷恋各种会滚来滚去的球,人类对球类的喜爱也不遑多让。那些抛起的、滚动的、蹦蹦跳跳的球,总是能轻而易举地牵动我们的视线和心,所以——要一起玩儿球吗?

猪猪受难

在中世纪,全世界的人们似乎都发现了一种可以用来做球的天然原料——猪的膀胱。人们把猪膀胱充气,系紧,就做成一个会蹦跳的球啦!后来为了延长这种球的寿命,工匠们开始在猪膀胱外面缝制厚厚的布片或者皮片,用以保护猪膀胱内胆。看来并不是什么东西都是"传统手工"的好啊!

不看球技看运气

猪膀胱做的老式手工足球,并不是规则的球形,大小也并不一致。所以那时候踢球的轨迹真的很难预测。这种情况直到古德义发明了硫化橡胶,林登又进一步发明了充气的橡胶球囊之后,才有所改善。终于,人们在球场上可以告别猪膀胱了。

桃子筐

据说现代篮球运动起源于1891年。詹姆斯·奈史密斯根据当地桃子产区的孩子们喜欢玩的一种游戏——把球扔进桃子筐——创造了最初的篮球规则。45年后，篮球被列为奥运会的正式比赛项目。

英雄所见略同

篮球这种"把球扔进高处的筐或者圆环里"的玩法，并不是美国人的独创。全世界很多文明中都发现了类似的娱乐或运动方式。印第安人就有类似的古老游戏，只不过他们的"篮筐"是一个空心的石质圆盘，被竖着固定在高处。

羽毛球

羽毛球听起来似乎是个很"现代"的运动，但其实早在2,000多年前，人类就开始玩羽毛球啦！在中世纪，羽毛球甚至是小孩子锻炼体魄的"体育课推荐内容"，就连注重典雅形象的小淑女们，也要学着打呢。

沿线前进！

既然有了橡胶，那么你知道用毛皮摩擦橡胶棒会有什么样有趣的情况发生吗？翻下页去看看。

此处危险系数略高

　　把两个物体互相摩擦，除了能产生热以外，还可以产生静电；把两种金属泡在溶液里就有可能做出最简陋的电池；用电线切割磁力圈就能产生电流……18~19世纪，人们对电有了前所未有的了解——然后，是的！人们把电也用来玩了。

皇家学会的耀眼明星

　　我在说法拉第，没错，就是他发明了电动机。但在法拉第的时代，真正让他出名的是"公开实验"。嗯，就是当众表演一些非常炫酷的实验，比如：他会站在一个金属围栏做成的笼子里，让10万伏特电压的电通过金属栏，这时笼子会产生巨大的火花并且噼啪作响。别担心，由于能量只会在金属间传递，站在笼子里的法拉第其实是安全的。

皮卡丘的克星

　　因为法拉第最先使用了前面提到的那种金属笼子，于是人们就管这种可以有效防护高压电击的金属笼子叫"法拉第笼"。有了它，人们再也不怕皮卡丘释放的"十万伏特"了！

寓教于乐

200多年前，爱炫耀的科学家喜欢公开做一些稀奇古怪的实验吸引人们的注意，而人们也非常乐于去观看一场实验找找乐子。那时候看实验比看电影还流行——因为那时电影还没被发明出来呢！

静电刺猬

那时候人们在宴会上流行做一些“来电”的事情：手拉手一起触摸电流，感受电流通过身体时刺痛麻痒的感觉，或者触摸高压静电，看自己的头发瞬间像刺猬一样飞散奓（zhà）起。后一种“玩法”，在今天的各大科技馆里，依旧能够体验到。

毛衣“打雷”

秋冬季节穿脱毛衣时会发出噼啪声，那其实就是毛衣所带的静电被“释放”的声音——道理上跟打雷时候的轰响是一样的，只不过云朵比毛衣大很多，所以电量更多，动静也更大。

沿线前进！

这里真的有点儿危险，咱们不如来讲点儿日常的事情吧……嗯，你想不想去洗手间？

从尿而来

在过去的数千年，所有人都认为，没有生命的东西：水、石头、铁块、空气……和有生命的东西的一部分：皮毛、木头、蛋白质……或者臭臭的尿液，它们之间有着不可逾越的鸿沟。直到一个人用无生命的原料合成了"尿素"。

打破常规

尿液里面含有尿素。在1828年之前，人们都认为有机物必须在有生命力的生物体内才能产生，人工只能合成没有生命力的无机物，无法合成有机物。1828年，维勒人工合成了尿素，从而打破了这种认知。后来人们用尿素制作塑料，用途极为广泛：没错，塑料玩具里面也有尿素的一份功劳哟！

无处不在的尿素

尿的成分之一是尿素，它由身体废弃的蛋白质转化而成。由于尿素的存在，尿的颜色才是黄色的。而且，在人的皮肤、头发和脑髓液中也有尿素——哦，对了，别咬指甲了，指甲里也有尿素！

变废为宝

尿素对人体和绝大多数动物来说都是没用的废物,但它对多数植物来说是绝佳的肥料。很多农作物都是靠着它的营养才得以长得高壮。在工业上,它更是多种工业原料的必要成分,你能看到这本书上缤纷的色彩,也少不了尿素的帮忙呢。

基石

维勒的发现可以说是有机化学发展的一块基石。在他之后,人们迅速搭建起了极为庞大的有机合成化学的架构。这个架构主要包含两大块积木,一块是用来做皮球、毛绒和塑料玩具的基本有机合成;另一块是用来给娃娃衣服染色、洗去衣服上水彩以及用来吹泡泡的精细有机合成。没有化学家,就没有毛绒玩具、穿衣娃娃和吹泡泡水……感谢化学!

快乐高高

尽管人们玩积木已经有很久的历史,但是1932年才诞生的"乐高"塑胶拼插积木,却是积木界的"老大"。它拥有十几种色彩,每一块积木都可以完美地互相拼插,这让这种拼插积木可以变化出无穷的造型。只要开动脑筋,几乎一切都可以用乐高拼出来。事实上,真的有人用乐高玩具拼了一台可以开着在路上跑的汽车。

乐高的商标"LEGO"来源于丹麦语"LEg GOdt",意思是玩得愉快。

沿线前进!

这章节味道太大,下一页咱们讲讲毛茸茸的可爱萌物。

总统 和 小熊跳舞

毛绒，从远古时期就陪伴着人类，人们把兽皮披在身上保暖。毛绒对人类来说，总带有温暖和轻柔的意味。当化学家制造出了合成纤维和毛绒，有着"毛茸茸"触感的材料也变得更多。当然，从毛皮到合成纤维，人们除了给自己保暖，还把它们制成了一个个毛绒玩具。

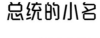

总统的小名

1902年，美国总统罗斯福在一场狩猎活动中，遇到了一只小黑熊。罗斯福被小熊楚楚可怜的可爱模样打动，拒绝杀掉它。此事一经报道，社会各界马上推出了各种各样的小黑熊"周边产品"。因为罗斯福总统的小名就是"泰迪"，所以毛绒玩具"泰迪熊"也因此得名。

泰迪熊博物馆

顾名思义，这里搜集了各个年代、各式各样的泰迪熊。这里的很多泰迪熊都是"古董"，很多熊肚子里面填充的并不是现在人们所熟悉的棉花，而是木屑。有些熊的毛绒甚至是用羊毛或者羊驼毛制作而成的，的确是相当"真实"的手感。

提灯天使

现代人都明白护理对生理或者心理上感觉不适的人的重要性。难受时，抱一个毛茸茸的熊玩具，能在某些层面上促进疾病的痊愈。这个理论是19世纪50年代由南丁格尔护士提出的，所以现在你难受的时候有毛绒玩具可以抱，除了谢谢玩具的陪伴，也要记得谢谢那位提灯的天使。

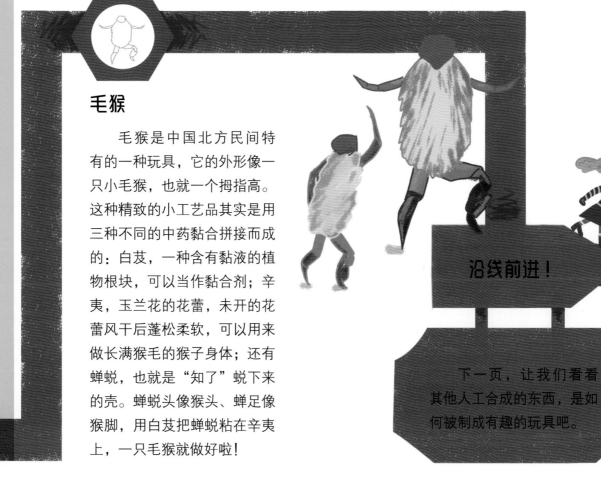

毛猴

毛猴是中国北方民间特有的一种玩具，它的外形像一只小毛猴，也就一个拇指高。这种精致的小工艺品其实是用三种不同的中药黏合拼接而成的：白芨，一种含有黏液的植物根块，可以当作黏合剂；辛夷，玉兰花的花蕾，未开的花蕾风干后蓬松柔软，可以用来做长满猴毛的猴子身体；还有蝉蜕，也就是"知了"蜕下来的壳。蝉蜕头像猴头、蝉足像猴脚，用白芨把蝉蜕粘在辛夷上，一只毛猴就做好啦！

沿线前进！

下一页，让我们看看其他人工合成的东西，是如何被制成有趣的玩具吧。

美 5 恶魔

科学家发明了塑料，它成本低廉，耐用防水，而且能轻易塑形。人们迫不及待地开始在生活中的各个地方使用塑料，当然也不会放过玩具。人们用塑料来制造美丽的玩具的同时，也制造了最大的"环境敌人"。

哦，不好！

塑料是如此的好用，以至于兴奋的人们一下子造出了太多，等人们发现塑料难以降解的时候，塑料垃圾已经堆积如山了。如何让塑料安全快速地降解已经成了世界上最热门也最赚钱的科研项目之一。

唯一的芭比

凭借一个约29厘米高的塑料娃娃，美泰公司从名不见经传的小公司，成了全球最大的玩具商之———这个塑料娃娃的名字叫芭比。人们从3,000年前就开始玩玩具娃娃，但是只有芭比娃娃这一个角色成为了世界流行文化史上不可或缺的符号。

东方芭比

当芭比娃娃的风潮吹进亚洲时，"西方面孔"的芭比就显得不够亲切，大家都希望能拥有东方面孔的娃娃。在这种期盼下，日本多美公司同美国美泰公司合作，很快推出了芭比娃娃的东方版本，一个从头到脚都非常符合亚洲审美的娃娃形象被投放到市场上，也许只有它的名字能证明它同芭比之间的联系——珍妮。

仿真模型

用塑料制成的，以舰船火炮等兵器和各种交通工具为主要表现题材的各种仿真模型受到了各年龄段人群的喜爱。仿真模型的要点在于"真"字，即使缩小到实物的百分之一，仿真模型依旧是"麻雀虽小，五脏俱全"，各种微小的细节都能真实再现。田宫和万代是其中最为经典的两个品牌。当然，根据实际需要和玩家爱好，还有建筑模型、动物模型等分支。

教具

仿真模型来源于军事行动示意用的沙盘或是军校教学用的模型，这些模型小巧精致又逼真，散发着吸引人的光芒——好了，我们现在知道，上课不认真听讲，只琢磨着玩玩具的并不是你一个人！

沿线前进！

除了塑料，化学家们还发明了什么呢？快去看看吧！

始料未及的化学家

自从化学家们获得了人工合成有机物的能力，人们就制造出了塑料拼插玩具、毛绒小熊、塑料人偶、模型……当然，他们能做出来的玩具远远不止这些！

蹦床

现代蹦床是用尼龙绳、化纤织物、PVC材料、弹簧和其他零碎的部件组装而成的。PVC就是聚氯乙烯，是一种塑料。调整各种其他材料与PVC的比例，能让它呈现出多种多样的形态。谁不喜欢在柔软的床上蹦来蹦去呢？就算是那些板起脸来说教的大人，也喜欢玩蹦床！他们甚至让蹦床成为了一项奥运会比赛项目。

狗与苍耳

苍耳种子被很多长着倒钩的硬刺包裹着，看起来像只小刺猬。苍耳利用这些倒钩牢牢地攀住动物的毛发，让动物把自己的种子带到很远的地方。当一名科学家看到自家的狗和它身上挂着的苍耳之后，就发明了尼龙搭扣——你看，尼龙搭扣的一侧多像是苍耳的倒钩，而另一侧则好似柔软的狗毛。

跳绳

跳绳你一定不陌生，这种游戏在很早之前就出现了，它还有"跳百索""绳飞"等名字。但在塑料和尼龙发明之前，人们跳的绳子都是麻绳一类的。现在这种颜色鲜艳而轻便的"跳绳"，在过去可是"高科技"的新鲜玩意儿。

大家都爱吹泡泡

法国的凡尔赛宫收藏了一幅名为《吹肥皂泡的小姑娘》的油画，画中表现出小姑娘用吸管吹出肥皂泡的瞬间——尽管中间相隔几百年，但大家都爱吹泡泡这件事却没怎么变。

吹一个大——泡泡！

吹肥皂泡是大家特别爱玩的游戏，漫天轻轻飘荡的肥皂泡上变换着七彩的光，梦幻极了！科学家们曾经仔细研究过肥皂泡，为的就是让肥皂泡吹得更大，保持得时间更久——吉尼斯世界纪录显示，最大的肥皂泡一次装下了275人和1辆轿车。

沿线前进！

了解了不少新科技，下一页咱们去看看复古风！

钟爱复古

有很多玩具很早之前就已经出现了，但是换一个玩法，或者把两种玩具组合在一起，一个全新的玩具就诞生了。发明创造其实也大都如此，无中生有的很少，更多的是利用现有的素材进行创新，换一种组合方式或者思路，就有可能得到完全不同的成果。

滚筒……音乐盒？

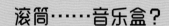

我们所熟悉的八音盒，据说最早是布鲁塞尔的一个教会在1381年发明的。第一个八音盒并不像现在这样精致小巧，它是一种自动敲钟的装置，叫作"组钟"。在一个圆形滚筒上安装凸起的木块，旋转滚筒，凸起的木块就会撞击连接着钟绳的踏板，这样就能演奏出音阶。

匈牙利的"恐怖"方块

匈牙利的厄尔诺·鲁比克教授制作了世界上的第一个魔方。他将26个小正方体组成一个正六面体，在正六面体的六个面上各涂上一种颜色，小正方体之间用轴连接，可以自由转动。他设计这个玩具的初衷是为了增进自己学生对立体图形的感受力，他自己也没料到这个玩具竟然能变化出4,325亿亿种花色，花色被打乱后，如果不掌握规律，很难将其复原——还真是挺恐怖的呀！

更恐怖的方块

由26个小正方体组成的中心固定的六面体魔方已经够夸张的了，后来还有人在此基础上发明出旋转中心不固定的魔方以及拥有更多小正方体的魔方。其中的四阶魔方的英文直译名为"魔方的复仇"——光是听名字就觉得很难。

集体卧倒

意大利人多米诺曾经在清朝道光年间到访中国。1849年回国的时候，他将中国的"骨牌"当作礼物带回家乡给了自己的女儿。不明白骨牌玩法的小女儿，将一张张骨牌紧挨着竖起来，只要推倒第一张骨牌，后面的骨牌就会发生连锁反应，依次倒下。如今，多米诺骨牌已经成了极为知名的娱乐和体育活动。

真的是骨头

多米诺从中国带回意大利的"骨牌"据说宋朝的时候就已经有了。它是一种用骨头做成的牌，名字的确很直白。尽管后来的"骨牌"也有用木头、竹子制作的，但是人们仍然管它叫"骨牌"。

沿线前进！

那边的物理学家按捺不住想要拿出自己拿手的玩具了，赶紧翻到下一页去看看吧！

玩点儿物理学

我们处在一个物质的世界里，玩具当然也是物质。既然是物质，就要遵循物理学的规律。事实上，很多玩具之所以好玩，正是因为它们当中蕴含着各种各样的物理知识——没错，这次人们把教科书里的物理知识也拿来玩了。

发条

发条是驱动机械的一种装置，把薄片状的、有弹力的钢条卷紧，在钢条被松开的瞬间，钢条的弹力会转变为动力，就跟拉紧皮筋后突然松手可以把皮筋发射出去的道理是一样的。这种将弹力转换为动力的发条装置非常常见，机械钟表和发条玩具都离不开它。

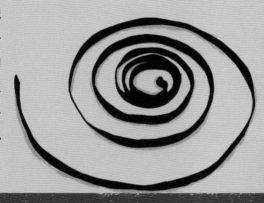

铁皮青蛙

20世纪70～80年代，不少孩子都拥有一只装着发条的绿色铁皮青蛙。拧紧发条后，随着发条弹力的释放，青蛙就能像活的一样在地上不停地蹦蹦跳跳。

骨碌碌地转

在风的吹动下，风车的扇页就会转动起来，这是风能转化为了动能。玩具风车在中国有悠久的历史，在南宋画家李嵩的《货郎图》中，货郎的帽子上就插着一个小风车呢！

堂·吉诃德的决斗

塞万提斯的《堂·吉诃德》是一本反讽欧洲骑士的著名小说。主人公堂·吉诃德沉迷骑士小说，总幻想自己是一位中世纪的骑士。当他在郊外看到三四十架风车磨坊的时候，却把它们当成了传说中的巨人，于是他便向风车发起了挑战。当然，后果是他被风车的扇页连人带马扫翻在地，非常狼狈。

攀爬的喜悦在于下滑

滑梯想必大家都玩过，但是是什么力量让你能轻快地一滑而下呢？并没有人在后面推呀！实际上当你爬上滑梯高处时，你就悄悄积攒了"势能"——站在地势高的地方获得的能量。地势越高，势能越大。下滑的过程就是在把势能转化为动能，让你能滑得飞快。

沿线前进！

那边有很多小孩子在欢笑，他们好像去了一个叫"游乐园"的地方，下一页咱们也去看看！

开关

就算完全不懂得电气知识，只要听到"开关"这个词，也知道一定和电有关。当开关和玩具扯上关系的时候，我们就有了电动玩具和游乐园里的大型娱乐设施。

伏特的电池

1800年，物理学家伏特发明了电池。尽管刚发明出来的电池和大家目前熟悉的电池的样子相差比较远——那时候的电池需要整个浸泡在酸性溶液中，不过好歹有电池了！我们很快就可以把它塞进电动玩具的肚子里啦！

伏特和伏特加真的没有关系！

转换器

在发明了电池21年后，人们发明了电动机。电动机就是一个把电能转换为物体运动的动能的装置。有了它，你的粉红兔子玩具就可以利用电池提供的电能敲打小鼓，游乐园的旋转木马也就可以转着圈不断升降啦！

打鼓的兔子

金霸王电池公司于1973年拍摄了一个电视广告，在这个广告中，一只粉红色的宾尼兔在不停地敲鼓。从那时起，这只粉红色的宾尼兔就成了电池电力持久的象征。到现在，宾尼兔的形象已经从一个简单的玩具，升级为一代人对电动玩具的经典回忆。

迪士尼乐园

1955年，世界上第一座迪士尼乐园在美国的洛杉矶落成。从此之后，这种将文艺作品中的世界具体地还原到现实中的主题乐园，就成为了新的流行趋势。从此，公主们的城堡、加勒比海盗的宝藏、米奇的魔法学堂……全都近在眼前啦！

两个乐园

在美国佛罗里达州的奥兰多，坐落着美国最大的迪士尼乐园。在它附近的环球影城中，还有一个大名鼎鼎的主题乐园——哈利·波特的魔法世界。突然有点儿羡慕奥兰多的孩子，家门口有这么多超级棒的游乐园！

沿线前进！

提到迪士尼乐园，下一页就聊聊这个诞生了米奇和唐老鸭的世界。

迪士尼乐园

米奇、唐老鸭、迪士尼公主、加勒比海盗和玩具总动员……这些你多少都曾听说过，有些说不定正坐在你家床头陪着你。华特·迪士尼一手创立了"迪士尼"这个品牌，他的名字具有让全世界的小孩子听到都会开心的魔力。

张嘴就能听见声音

1928年，迪士尼推出了世界上第一部声画同步的动画片——《威利号汽船》，米奇就是在这里第一次作为动画片主角登场的。听起来没觉得了不起？要知道在此之前，人们看电影的时候是没有同步的声音对白的，想知道演员们在说什么？看字幕吧！

边吃边玩

迪士尼和麦当劳联手制作了能满足人们边吃边玩的梦想的东西——欢乐儿童餐。人们既能吃到好吃的快餐，还能得到一份迪士尼玩具，真是太棒了！此外，迪士尼还推出了儿童软糖，看着一个个可爱的卡通形象软糖，还真是下不了嘴呀！

第一个吃苹果的人

《白雪公主与七个小矮人》是人类历史上第一部以长篇电影的形式呈现的动画片。华特·迪士尼本人为了能让这部影片顺利诞生，甚至到了倾家荡产的地步。从此之后，我们就有剧场版的动画片可看啦！

《王国之心》

21世纪初，世界上最受欢迎的游戏公司之一史克威尔·艾尼克斯在PS2主机上推出了一款动作冒险、角色扮演游戏——《王国之心》。这个游戏讲述的就是迪士尼王国的事情，众多游戏世界的明星角色都围绕着米奇国王的相关事件而奔走，看来连游戏角色也喜欢逛迪士尼乐园呀！

"米老鼠！变形出发！"

从2009年开始，迪士尼公司推出了一系列以米奇为首的变形玩具。从配色到形态都沿用了变形金刚中擎天柱、大黄蜂等角色的主要特征。玩家可以将一个米奇形态的机器人变形为擎天柱同款货柜车，米奇和变形金刚的"粉丝"们，再也不用打架了。

沿线前进！

看过了可爱的米奇，咱们再去看看机器人和奥特曼的世界。

万代帝国

提到"巨大的机器人""奥特曼"和"敢达"这些词汇，马上可以感受到扑面而来的日式科幻风。而在这些机械科幻背后，有一个绕不开的名字——万代。万代公司的拼装模型、可动玩具、金属模型以及电子游戏，共同构成了一个巨大的娱乐帝国。

"三大拼装合体"

"宇宙大帝""未来超人"和"超电磁合体"这些名字现在可能知道的人不多，但是在20世纪80年代中期，这可是每个机器人迷的"梦想收藏品"！它们也是万代公司最先投入中国市场的产品。

"敢达"有多"敢"

1979年，随着同名动画片《机动战士敢达》的播出，机动战士敢达的塑料拼装模型开始大卖——俗称"钢普拉"——这个名字是根据日文"ガンプラ（Ganpura）"音译而来。经历了40年的发展，如今"敢达"几乎成为一个独立的玩具类别，国际上甚至有专业级别的敢达模型大赛。

民间的力量

在敢达迷中，"高达"才是一个更普遍的称呼。至于官方的"敢达"一称，更多只停留在产品外包装的印刷名称上。

高达？敢达？

"科幻武打片"

当地球被恶势力进犯时，总有名为"奥特曼"的宇宙超人，或者具有超能力的"假面骑士"跳出来，对着坏人拳打脚踢一番。这种用"特技摄影技术"拍摄的"特摄片"对全球娱乐界的影响可谓极其深远。万代旗下《奥特曼》的造型玩具和《假面骑士》的穿戴玩具风靡全球，也就不是什么难以想象的事情了。

金属风情

为了更好地表现金属机器人的质感与风情，万代的全金属模型玩具——超合金玩具——应运而生。这个脱身于《魔神Z》系列作品中的专有名词，如今几乎成了该类玩具的代称。后来，不只是巨大的机器人，甚至连《哆啦A梦》和《Q太郎》等作品也推出了角色的超合金玩具。

沿线前进！

比起风格纯粹的万代公司，下一页有一家风格多变的著名公司，你的很多玩具可能都来自他们。

孩之宝

孩之宝公司在20世纪30年代因推出了桌游《地产大亨》（又名《大富翁》）而一炮而红，"二战"后又推出过"土豆先生"和"特种部队"两个热门系列。此后的孩之宝遍地开花，产品横跨学龄前到成人的数个年龄段。无论年龄、性别，谁都有可能成为孩之宝系列玩具的忠实粉丝。

缩写

孩之宝（Hasbro）这个名字来源于创始人亨利与海拉尔两兄弟。两兄弟姓哈森菲尔德（Hassenfeld），姓氏的缩写"Has"加上兄弟的缩写"Bro"，就有了"Hasbro"这个品牌。

薄如纸币

靠着桌游起家的孩之宝一直在这方面有着不俗的实力和眼光，旗下不但有风靡北美的纵横字谜游戏，在20世纪末，孩之宝还收购了"万智牌"。万智牌中的稀有卡片拥有极其可观的收藏价值，甚至在游戏玩家间可以作为"货币"进行流通，打造了桌游界的传奇。

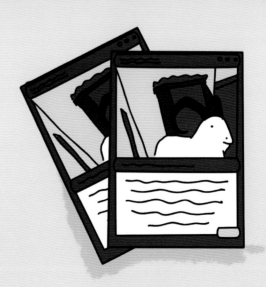

铁火方阵

孩之宝首先推出了《星球大战》系列玩具，电影的火爆促进了玩具的大卖。从此，用一部动画片来销售玩具产品也就变得理所当然，于是才有了"史上最火广告动画片"——《变形金刚》的诞生，而变形金刚玩具也随之成了机器人玩具的长盛经典，更催生出了"复仇者金刚"和"星战金刚"等跨知识产权的合作。

也有变成索尼游戏机和耐克运动鞋的变形金刚！

柔软梯队

优美、细腻、柔软类型的玩具也没被孩之宝忽视，从最早的"培乐多彩泥"，随后的"小马宝莉"以及近些年的"宠物小精灵"，柔软甜美的玩具，凭借自身的"萌"力，征服了全世界无数的爱好者。

保密配方

培乐多彩泥柔软又不黏糊的奇妙手感以及绝佳的可塑性，一直是它让人们爱不释手的原因。孩之宝公司显然也意识到了这一点，于是从1956年培乐多彩泥被发明出来至今，彩泥的配方一直是公司的最高机密。

沿线前进！

如果说纸牌游戏和玩偶还没有摆脱3,000年前人类玩具的影子，那么看下一页，人们发明了一种在各种意义上都是全新的玩具！

"毒药"的献身

提到芯片，大家可能都能说出一个大概的定义：有一定用途的微型电器电路。制作它的基础材料是沙子——也就是二氧化硅。一个芯片的制作过程，就是把二氧化硅提纯成纯硅，再逐步往里面添加"毒药"的过程。

献身的"毒药"

纯化过的硅是不导电的，为了让它能导电，在加工过程中要极其精准地加入硼、磷，甚至是砒霜。这些东西对人来说都是有害的物质，有些甚至有剧毒。但正是有这些"毒药"的献身，才有了一块块小小的芯片。

电脑的诞生

世界上第一台电脑诞生于1946年，它被用来计算弹道。而在电脑诞生不到十年的时间里，人们就把这种军事行动上的高新科技产品用来玩游戏了！当然，最初在电脑上玩的都是"占格子""猜数字"一类的模拟桌游的游戏。

屏幕幻想

最早的电脑游戏诞生于20世纪60年代，名字叫《宇宙大战》——不是说在此之前没有电脑上能玩的游戏，只是这款游戏是世界上第一个脱离了人类现有实物玩具的模型，完全虚拟的、只能在电脑上实现的游戏。

点与线的世界

20世纪80年代之前的游戏，其画面大多都只有点和线段。要想明白画面表现的是什么，需要相当的想象力。于是有些游戏设计者，以《洞窟冒险》和《魔域帝国》为代表，干脆放弃了画面表现，转而用文字来描述游戏场景。当时的程序员，不但要会编程，还要会写小说，看来程序员真是不好当啊！

扫雷

由于微软公司在很长一段时间内都在自己的Windows系统平台上绑定扫雷这个游戏，可以说有多少人使用过Windows系统，就有多少人玩过扫雷。这也使它成了全世界最知名、玩家最多的电脑益智小游戏之一。

沿线前进！

在电脑游戏渐为人知的同时，有一个和电脑类似的游戏机器，风头很快盖过了电脑游戏，它是什么呢？

街头娱乐

从20世纪70年代开始，尽管市场上已经出现了电脑和家用游戏主机，但论游戏体验，它们都完全赶不上街机。那时候的人们纷纷走出家门，来到游戏厅体验这种前所未有的游戏方式。

PONG！

1972年雅达利公司出品的《PONG》，可以算得上是第一款真正意义上的街机游戏。游戏很简单，就是模拟两个人打乒乓球。画面也很简陋，只有两条可以活动的竖线，和一个在中间活动的圆点。尽管如此，它是第一款实现了真人对抗的电子游戏。

吃豆人，站起来！

在发明最初，很多街机的模样并不是我们熟悉的立柜式，而是像茶几一样。20世纪80年代早中期，以《吃豆人》和《太空侵略者》为首的一批游戏，将街机的外观改为立柜式。从那之后，想打街机，就要站着了。

电竞不新鲜

街机诞生后不久，就有了街机比赛，按照现在的说法，这也算是妥妥的"电子竞技"了。当然，比赛的方式跟今天的电子竞技相比，就显得过于原始和质朴了——多为最速通关或最高分比赛。当然，也有比拼按键速度的"纯体力"项目，有时甚至会有因连打速度过快而死机的情况发生。

花样体感

"体感游戏"其实也不是一个很新的概念。光枪射击、舱内驾驶等方式早在20世纪80年代就已经成了街机体感游戏的主流，90年代更是增加了演奏、跳舞和搏击等全新的体感模拟方式。

沿线前进！

在街机辉煌的时候，家用游戏主机正在暗暗蓄力，快翻到下一页看看家用游戏主机的故事吧。

好贵！

当沙锤演奏体感模拟刚刚风行的时候还发生过这样的乌龙事件：不清楚操作方式的玩家，直接用沙锤敲击了游戏屏幕，导致屏幕碎裂。玩一次街机需要赔偿一整块大屏幕，实在是好贵！

梦寐以求的盒子

随着电视的普及，人们不免开始琢磨：除了看节目，还能用它来做点儿什么呢？20世纪60年代，家用电脑还是比较少的，但也许可以造一个盒子，去掉电脑的其他功能，连接到电视上专门玩游戏？于是人们就造了好多这样的盒子。

"史前时代"

1972年，最早的家用游戏主机"奥德赛"面世，主机自带内置游戏，游戏画面基本没有场景，玩的时候需要把半透明的背景塑料片贴在电视屏幕上。4年后，家用游戏主机"雅达利2600"登场，这种主机可以支持插换式的卡带。从此，游戏软件产品得以百花齐放。但到了20世纪80年代初，雅达利的过度开发导致太多质素低劣的"垃圾游戏"流入市场，最终引发了"雅达利大崩溃"。

沙漠宝藏

"雅达利大崩溃"造成了大量游戏产品的滞销，雅达利无力支付这些"库存垃圾"的处理费用，于是偷偷把所有卡带运到新墨西哥州的沙漠埋掉——此事成为游戏界的一大传说。30多年后，真的有人在沙漠中发掘出了这批被掩埋的"宝藏"。

"战国时代"

1983年，任天堂推出了名为FC（美版缩写为NES）的主机，也就是后来通称的"红白机"。配合以《马里奥》为首的众多高质量的游戏作品，任天堂让消费者重拾了对主机游戏的信心和热情。任天堂吸取雅达利的教训，对游戏软件的品质严格把控，这些举措使得任天堂在此后的十多年中，一直在与世嘉、NEC等公司的竞争中遥遥领先。

"次世代"

1994年，主流游戏的载体开始从卡带变为光盘，主机进入了"次世代"时期。这时，索尼推出了PS主机，随后还发布了《最终幻想7》等名作。到了世纪之交，微软也加入了角逐，其主机Xbox上有诸如《光晕》等游戏作品。这两大家族在之后的十余年间，基本成为游戏主机市场的"双雄"。

"满血复活！"

在PS与Xbox两大家族称霸期间，任天堂在游戏主机领域一直屈居第三，依靠在掌机领域的优势和《精灵宝可梦》等游戏保持着一定的市场份额。2017年，任天堂推出了主机Switch，伴随着《塞尔达传说》等名作的热卖，任天堂让人们看到了市场格局再次改变的可能。

沿线前进！

花开两朵，各表一枝，在游戏主机市场风起云涌的时候，电脑游戏市场也不平静，翻开下一页去看看吧！

跑偏的功能

进入20世纪80年代，电脑开始变得"无所不能"起来，似乎所有的事情都可以用电脑来完成：写文章、做设计、卖东西、剪视频……甚至可以用电脑遥控火箭或者卫星，但更多的人们还是选择用电脑来——玩游戏！

新的世界

随着电脑技术的发展，游戏的色彩更加丰富，运行更加顺畅，呈现方式也越来越多样化。在科技浪潮的推动下，第一个登上潮头的游戏类型就是"角色扮演游戏"——RPG。此后它跨出电脑，成了各大游戏平台的热门类型。紧跟RPG的步伐，"模拟经营类游戏"也登上了电脑，《模拟股票》《模拟城市》等游戏成就了之后大家喜闻乐见的"模拟一切系列"。

导师

20世纪70年代末，RPG类游戏中有两个作品地位非凡，那就是《创世纪》和《巫术》。后来大火的作品，如《勇者斗恶龙》和《最终幻想》等，都是沿袭这两部作品的基础形态而创作的。

"脑"上谈兵

20世纪80~90年代，主视角射击和即时战略两大游戏门类先后崛起。《德军总部》《反恐精英》《命令与征服》和《星际争霸》等不朽名作，受到了玩家们的狂热追捧，热度至今仍在持续。

"追赶跑跳碰"

1993年，《波斯王子——影与火》的火爆标志着动作类游戏正式成为电脑游戏平台的新主流。比起当时的家用游戏机和街机，电脑上的动作类游戏拥有更多的解密成分，这也成了后来电脑动作类游戏的标准配置——动作加解密。《古墓丽影》的面市将这一特点推向了极致。

不算优势

在《波斯王子——影与火》诞生之前，电脑上的动作类游戏其实并不讨好。相较于电脑键盘上的按键"上下左右"或"ADSW"，街机和家用游戏主机的操纵摇杆更适合进行动作类游戏。

沿线前进！

电脑游戏格局逐渐成熟，谁能想到彻底打破这一切的竟然是一条不起眼的线呢？

只需一根线

互联网的诞生和兴盛，标志着第三次科技革命的到来。迅捷无比的电信号，以光速奔波在光缆电线里，将全世界以一种全新的紧密方式连接在一起。这对于喜欢玩的人们来说，当然意味着传统的单机游戏打开了新玩法的大门。

一个世界

网络游戏使得玩家不再是独立的个体，协作和竞争成了游戏玩法拓展的新方向。以《魔兽世界》《剑侠情缘网络版叁》为代表的RPG类型的游戏，以其善于体现完整世界的特性，吸引了无数爱好者，形成了网络游戏中举足轻重的一大门类——"大型多人在线角色扮演游戏（MMORPG）"。

绚烂的衍生

受欢迎程度最高的那些网络游戏，也不会将自己仅仅限制在网络上。游戏玩家之间的联谊会、与游戏相关的主题音乐剧和舞台剧频繁推出，有的甚至登上了电影荧幕。网络让"同好友一起谈论心爱的游戏"这种快乐成百上千倍地放大了，那是真的非常、非常开心呀！

一较高下

玩家之间互相竞争后取得胜利的滋味真是太美妙了！即时战略和主视角射击等竞争性强的游戏就理所当然地成了网络游戏的另一大主流。从最早的《命令与征服》《反恐精英》到现在的《王者荣耀》《守望先锋》，这类游戏拥有的巨大魅力，简直到了让人光看名字就想马上打开电脑去跟人较量一番的程度。

"戳戳乐"

触屏手机给玩家们带来了用手戳一戳就能玩的全新操作方式，其代表作就是全球爆红的《水果忍者》和《愤怒的小鸟》。手机的便携性也让随时随地玩游戏成了一种日常状态，这些在数年前还是根本无法想象的。

亚运冠军

2018年召开的亚运会，将电子竞技纳入了表演赛项目。《英雄联盟》《实况足球》《炉石传说》《星际争霸2》《皇室战争》和《王者荣耀》国际版成了历史上首批进入亚运会的电子竞赛项目。中国队在此次比赛上获得了两金一银、团体第一名的好成绩。

沿线前进！

线上的世界有了越来越多的创意，线下的玩法同样丰富多彩。那边有一群人围着纸片和小人在嘀咕着什么，翻到下一页让我们凑近去看看吧！

龙 S 战锤

"桌游"其实是一个含义颇为模糊的词：单从字面上理解，就是"桌上游戏"的意思。那种放在桌上或者地上玩的实体游戏，从人类开始学会"玩游戏"的时候起，就已经存在了。而当我们提起"桌游"这个词的时候，其实更多的是在说20世纪70年代以后兴起的放在桌上玩的一类游戏……嗨！管它呢！玩就是了！

成为勇者吧！

想成为一名勇者，在奇幻的魔法世界里挑战恶龙？放心，这不只是你一个人的梦想。1974年，一位美国的推销员将自己的想法做成了一款"桌上角色扮演游戏（TRPG）"，它的名字叫《龙与地下城》。玩这款桌游的时候，你可以按照自己的意愿控制角色去做任何事——当然也要承担所有的后果。无比的开放性和平衡性，使它成了TRPG游戏中永恒的经典。

玩《龙与地下城》这类桌游，行话叫"跑团"。

上电影

《E·T》是导演斯皮尔伯格的一部著名影片。片中可能不明显，但原作小说里明确提到，小主人公在家玩得最多的游戏，就是《龙与地下城》，可见这款桌游的人气之高。

"征途是星辰大海"

也许你对科幻世界中的星辰宇宙抱有强烈的好感，那你绝对可以试试这款名叫《战锤40K》的桌游。它融合了哥特风格和太空科幻两种要素，游戏尽可能还原了实战的感觉，你可以像一个真的战场指挥官一样，指挥自己的模型大军和朋友来一场紧张刺激的对战。

超高的门槛

《战锤》系列的游戏在桌游圈是出了名的门槛高。想要"愉快地玩耍"，你得先把自己的模型进行组装和上色，而每一个游戏模型都售价不菲，再加上实际对战时精细烦琐的计算……因此，望而却步的玩家也不在少数。

杀！

在国内，10年前《三国杀》席卷大江南北。它融合了类似西方桌游的要素，将大家最喜欢的三国历史中人物智计百出的状态用卡牌的方式加以呈现。可以说正是《三国杀》，将"桌游"这种游戏方式引入了国内。随后火爆起来的《狼人杀》，更将人们对桌游的热情推向了新高度。

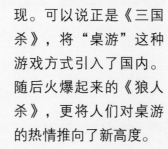

沿线前进！

"眼见为实"在很久以来似乎都是正确的，但是现在，这句话好像变得不那么可信了。

现实离我们有多远

曾经，现实和虚拟的界限非常清晰。但是随着科学技术的发展，它们的边界似乎正在模糊。听起来很魔幻，但……魔幻一点儿才好玩呀！不是吗？

虚拟现实

利用电脑技术，创造一个虚拟环境，让我们来体验近乎真实的感受，这就是"虚拟现实技术（VR）"的本意。尽管VR这个词在1989年就出现了，但是它真正进入我们的生活，还是近几年的事情。这种技术使玩家只需佩戴一个封闭式的眼罩，就可以进入一个完全虚拟的"真实世界"了。

古怪的动作

电影《头号玩家》中展示的就是VR技术应用的一个方向。尽管电影中的主人公动作"炫酷"，但由于VR技术会让人的感官完全沉浸在眼前的虚拟场景中，所以这时你从旁观察的话，会看到一个人头戴封闭眼罩，站在原地莫名其妙地做出各种古怪、搞笑动作的样子。

增强现实

比起需要戴封闭眼罩的VR技术，"增强现实技术（AR）"轻便了不少。它只需要玩家佩戴一副眼镜或者手里拿一个配套的视频设备。AR技术可以把虚拟场景"增添"到现实场景中，比如在篮球场上戴上眼镜，你可以看到一只鲸正越过篮筐。

亲手捉住小精灵

手机游戏《精灵宝可梦GO》给我们展现的正是AR技术。在真实的街道边，肉眼看到的长椅毫无异常。但当你举起你的手机，镜头对准长椅，就会发现椅背上有一只皮卡丘正在蹦来蹦去。这种在现实中加入虚拟元素的新奇体验，立刻让《精灵宝可梦GO》这款游戏在国外大红大紫起来。

"任何足够先进的技术看起来都与魔法难以区分。"

——科幻作家阿瑟·克拉克

混合现实

也许你已经觉得够好的了，但科学家们总想着更进一步。将AR技术升级，就能得到"混合现实技术（MR）"。如果说AR是让我们能在现实中看到虚拟影像的技术的话，MR做的则是让现实事物和虚拟影像产生互动。应用MR技术，你不但可以看到皮卡丘，还能伸出手让它跳到你手上。

沿线前进！

游戏的世界真奇妙，而且它并不仅仅是"玩"那么简单。

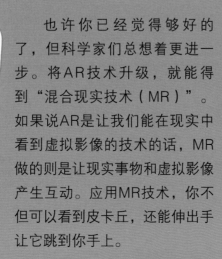

玩是一件大事

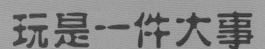

到现在为止，我们看了上万年的历史。在这么多年中，人类坚持不懈地玩，发明各式各样的玩具和玩法，就是为了"玩"！能让人类坚持不懈地做了上万年的事情真的没有几件，可见"玩"的的确确是一件大事！

越玩越聪明

从古罗马到现代，再古板的教育家也无法否认游戏和玩具带给孩子们的智慧。哪怕孩子们玩儿的玩具已经不太相同，但玩具带来的益智作用依旧是相似的。人们甚至造出了"益智玩具"这个词。

"除了食堂和衣橱，最重要的就是玩具了。"
——法国幼儿教育家波利娜·凯戈马尔